BEI GRIN MACHT SICH IHR WISSEN BEZAHLT

- Wir veröffentlichen Ihre Hausarbeit,
  Bachelor- und Masterarbeit

- Ihr eigenes eBook und Buch -
  weltweit in allen wichtigen Shops

- Verdienen Sie an jedem Verkauf

Jetzt bei www.GRIN.com hochladen
und kostenlos publizieren

Wolfgang Thoß

Vegetation und Ökologie von Wiesen auf Friedhöfen im westlichen Sachsen (2008-2011)

GRIN Verlag

Bibliografische Information der Deutschen Nationalbibliothek:

Die Deutsche Bibliothek verzeichnet diese Publikation in der Deutschen National-
bibliografie; detaillierte bibliografische Daten sind im Internet über http://dnb.d-
nb.de/ abrufbar.

Impressum:

Copyright © 2011 GRIN Verlag GmbH
Druck und Bindung: Books on Demand GmbH, Norderstedt Germany
ISBN: 978-3-656-21257-7

Dieses Buch bei GRIN:

http://www.grin.com/de/e-book/195028/vegetation-und-oekologie-von-wiesen-auf-
friedhoefen-im-westlichen-sachsen

Wolfgang Thoß

Vegetation und Ökologie von Wiesen auf Friedhöfen im westlichen Sachsen
(2008-2011)

Projektarbeit

Zusammenfassung

Es werden Wiesen auf 37 Friedhöfen im westlichen Sachsen untersucht, die sich soziologisch dem **Molinio-Arrhenatheretea** zuordnen lassen.

Auf den Überhangflächen, auf denen bisher noch keine Bestattungen stattfanden, ist das **Arrhenatheretalia elatioris** anzutreffen. Für die Höhenlagen von 260 bis 460 Meter über Normalnull (NN) lässt sich das **Arrhenatherion elatioris,** von 465 bis 630 Meter das **Polygono-Trisetion** nachweisen.

Einbezogen sind auch Rasenflächen, die bisher bis zu dreißigmal gemäht wurden und auf denen in den letzten Jahren die Mahd nur noch ein- bis zweimal jährlich erfolgte. Diese lassen sich einer **Fragmentgesellschaft** zuordnen, die soziologisch zwischen dem Arrhenatherion elatioris und dem Cynosurion cristati steht. Des weiteren konnten auf einigen Friedhöfen größere Grünflächen beobachtet werden, auf denen eine **Ansaat** mit handelsüblichen Grasmischungen erfolgte.

Die ökologische Auswertung beschränkt sich auf Arten, die mindestens eine Stetigkeit von 10 % erreichen. Des weiteren erfolgen Angaben zu Status, Familienzugehörigkeit und der Rote Liste-Arten Sachsens.

In abschließenden Bemerkungen werden die Chancen und Probleme für eine Umwandlung von Rasen in Wiesen und den dabei zu beachtenden Hinweisen zur Pflege dargelegt.

1 Einleitung

Von 2008 bis 2011 untersuchte der Autor auf 37 Friedhöfen die Vegetation von Wiesen, die wesentliche Unterschiede aufwiesen:

- o Naturnahe Wiesengesellschaften auf Überhang- oder Reserveflächen, auf denen bisher noch keine Bestattungen stattfanden.

- o Ehemalige Rasenflächen, auf denen keine Gräber mehr angelegt werden. Auf diesen Flächen erfolgte eine Umstellung der bei Rasen vorzugsweise hohen Schnittfrequenz auf eine jährlich ein- bis zweimalige Mahd.

- o Ansaaten mit handelsüblichen Grasmischungen auf frei gewordenen Flächen, auf denen sich früher Wirtschaftsgebäude und Lagerplätze befanden.

Ziel der vorliegenden Untersuchung war es, die Vegetation dieser Grünflächen soziologisch und ökologisch zu untersuchen.

Bei allen untersuchten Wiesen erfolgt die Mahd in der Regel ein- bis zweimal im Jahr. Das Mähgut wird entfernt, selbst kompostiert oder in Kompostierungsanlagen entsorgt. Düngungen und Behandlungen mit Herbiziden ließen sich nicht beobachten.

2 Methodik

Bei der Nomenklatur der wissenschaftlichen Namen wird HARDTKE & IHL (2000), bei den Moosen MÜLLER (2004) und bei den Vegetationseinheiten BÖHNERT et al. (2001) gefolgt. Die Klassifizierung der aufgenommenen Pflanzenbestände erfolgt nach der Methode von BRAUN-BLANQUET (1964). Um die Erfassung eines homogenen Pflanzenbestandes zu gewährleisten, beträgt die Größe der Aufnahmeflächen zwischen 9 und 25 m^2.

Die Stetigkeit ist in Prozent angegeben. Auf Stetigkeitsklassen wurde verzichtet. Die Aufnahmen erfolgten überwiegend auf unbeschatteten Flächen.

Alle Berechnungen erfolgten mit dem Programm „BIODAT" (HERMANN et al. 2001).

Die biologisch-ökologischen Auswertungen für die Zeigerwerte Licht-, Temperatur-, Feuchte-, Reaktions- und Nährstoffzahl basieren auf den „Zeigerwerte (n) von Pflanzen in Mitteleuropa" nach ELLENBERG et al. (1992). Berechnet sind die arithmetischen Mittelwerte.
Bei den Strategie- und Ausbreitungstypen sowie den Lebensformen wird FRANK & KLOTZ (1990), bei den erweiterten Lebensformen ELLENBERG (1952), ergänzt durch BIOLFLOR (KLOTZ et al. 2002), gefolgt. Die Mahd- u. Trittzahlen basieren auf BRIEMLE in BIOLFOR (KLOTZ et al. 2002). Berechnet sind die prozentualen Anteile.

3 Untersuchungsgebiet und Standortverhältnisse

Die Untersuchung erstreckte sich über die Naturräume des Altenburg-Zeitzer-Lösshügellandes, des Erzgebirgsbeckens, des Vogtlandes, des Westerzgebirges und des Mittleren Erzgebirges (BASTIAN & SYRBE o.J.).
Das Klima der unteren Lagen des Untersuchungsgebietes ist feucht bis mäßig feucht, mäßig kühl und meist schwach kontinental sowie vereinzelt mäßig warm ausgeprägt. Die mittleren Berglagen ab 500 m über Normalnull (NN) sind feucht und kühl sowie schwach maritim beeinflusst, die höheren Berg- und Kammlagen sehr feucht, kühl und rau.
Bei der Auswertung sind die jährlichen Niederschläge und Durchschnittstemperaturen auf der Grundlage der Übersichtskarten von Sachsen (Sächsische Landesanstalt für Forsten Graupa): Mittlerer Jahresniederschlag (2000), Messperiode 1961- 1991, 1:300 000 sowie der Karte der Mittleren Jahrestemperatur (2000) berücksichtigt. Die mittleren Jahresniederschläge sind dabei auf 50 mm Niederschläge auf- bzw. abgerundet. Die Angaben zur Höhenlage sind dem Sachsenatlas [1] entnommen.

Tabelle 1 – Niederschläge und Temperaturen des untersuchten Gebietes

Höhe über NN	Durchschnittstemperatur (Grad C) /a	Niederschläge (mm)/a
200 – 299	< 8,5 (9,0)*	600 – 700
300 – 399	< 8,0 – < 8,5	650 – 700
400 – 499	(7,0)* < 7,5	700 – 900
500 – 599	< 6,0 – < 7,0 (7,5)*	800 – 950
600 – 699	< 6,0 – < 7,0	850 – 1000 (1050)*
700 – 900	< 4,0 - < 6,0	950 – 1200

* nur einmal auftretend

Tabelle 2 – Untersuchte Friedhöfe und deren Einordnung in Höhenstufen

Höhe über NN	Friedhöfe
200 – 299	Bockwa, Mosel, Niederschindmaas, Wernsdorf, Wolkenburg, Zwickau: Hauptfriedhof
300 – 399	Beiersdorf, Cainsdorf, Culitzsch, Jocketa, Kirchberg, Niedercrinitz, Planitz, Plauen II, Reinsdorf, Vielau, Weißbach, Zschocken
400 – 499	Aue, Bärenwalde, Burkersdorf, Ebersbrunn, Neustädtel, Obercrinitz, Schneeberg
500 – 599	Auerbach, Falkenstein, Markneukirchen, Rothenkirchen
600 – 699	Beerheide, Eibenstock, Rautenkranz, Stützengrün, Tannenbergsthal
700 – 900	Carlsfeld, Grünbach, Oberwiesenthal

Die Angaben zur Lage der Vegetationsaufnahmen auf den untersuchten Friedhöfen bezogen auf die Hoch- und Rechtswerte nach Gauß/Krüger befinden sich im Archiv des Verfassers.

Friedhöfe zeichnen sich durch besondere Standortverhältnisse aus. Eine ausführliche Darstellung dazu findet sich bei THOSS (2010).
An dieser Stelle soll deshalb nur eine kurze Zusammenfassung erfolgen. Friedhöfe sind mehr oder weniger abgeschlossene Lebensräume. Bedingt durch den hohen Anteil an Bäumen und Sträuchern kommt es zur Reduzierung der Windgeschwindigkeiten und einem tageszeitlichen Ausgleich der Temperaturen. Ein weiterer Faktor ist das Wärmehaltungsvermögen der Mauern und Grabmale.
Zu diesen besonderen mikroklimatischen Verhältnissen kommen noch die wechselnden Bodenverhältnisse. Nach GRAF (1986) sind die Böden, auf denen Bestattungen über viele Jahrzehnte erfolgten, eine anthromorphe Sonderform. Ihre Entstehung basiert auf dem tiefgründigen Umarbeiten der Böden. GRAF (1986) bezeichnet diese als Nekrosole.
Die Böden der Überhangflächen, auf denen bisher noch keine Begräbnisse stattfanden, werden vom geologischen Untergrund des jeweiligen Friedhofes gebildet.

4 Soziologie und Ökologie
4.1 Soziologie
Die Kontrolle erstreckte sich auf 83 Friedhöfe. Aber nur auf 37 Friedhöfen ließen sich Wiesen feststellen, die in der vorliegenden Untersuchung soziologisch und ökologisch untersucht wurden. Basis der synsystematischen Zuordnung ist das „Verzeichnis und Rote Liste der Pflanzengesellschaften Sachsens" (BÖHNERT et al. 2001).
Die untersuchten Wiesen gehören nach DIERSCHKE (1997) zum **Molinio-Arrhenatheretea** Tx. 1937 (Wirtschaftsgrünland).

4.1.1 Arrhenatheretalia elatioris (Pawlowski 1928) Tx. 1931 (Tabelle 8)
Die Überhangflächen werden vom **Arrhenatheretalia elatioris** bestimmt. Der geologische Untergrund [2] der Aufnahmeflächen setzt sich aus entkalkten Löss- und Gehängelehmen, Diabastuff und -konglomeraten, unterschiedlichen Tonschiefern sowie Melaphyr zusammen, die zu mäßig sauren bis schwach sauren Böden verwittern.
In den 29 Vegetationsaufnahmen in einer Höhe von 260 bis 630 Meter über Normalnull kommen 99 Arten vor. Die durchschnittliche Artenzahl beträgt 16,7.
Mit einer Stetigkeit von über fünfzig Prozent sind die Ordnungscharakterarten des **Arrhenatheretalia elatioris** *Veronica chamaedrys*, *Leucanthemum vulgare* agg. und *Bellis perennis* vertreten.
Von den Klassencharakterarten des **Molinio-Arrhenatheretea** erreichen *Taraxacum officinale* agg., *Trifolium pratense*, *Cerastium holosteoides* und *Poa pratensis* agg. eine höhere Dominanz.

4.1.1.1 Arrhenatherion elatioris W. Koch 1926
Die Pflanzenbestände in den Höhenlagen von 260 bis 460 m lassen sich dem **Arrhenatherion elatioris** zuordnen, das von folgenden Verbandscharakterarten (Stetigkeit jeweils in Prozent) bestimmt wird: *Arrhenatherum elatius* (100,0), *Campanula patula* (22,2), *Bromus hordeaceus* agg. (22,2), *Leontodon hispidus* (16,7) und *Pastinaca sativa* (11,1). Die Anzahl der Aufnahmeflächen beträgt 18. Es wurden 82 Arten erfasst, die durchschnittliche Artenzahl der Aufnahmen liegt bei 16,7.
Von den Ordnungscharakterarten des **Arrhenatheretalia elatioris** kommen nur *Leucanthemum vulgare* agg. und *Bellis perennis* auf eine Stetigkeit von über 50 Prozent.
Eine höhere Stetigkeit erreichen die **Nährstoffzeiger** mit *Heracleum sphondylium* (22,2), *Aegopodium podagraria* (11,1) und *Anthriscus sylvestris* (11,1). Nur einmal vorkommend tre-

ten *Calystegia sepium, Campanula trachelium, Rumex obtusifolius, Urtica dioica* und *Viola odorata* auf.
Die **Magerkeitszeiger** spielen mit *Campanula rotundifolia, Hieracium aurantiacumum* und *Potentilla tabernaemontani* nur eine geringe Rolle.

4.1.1.2 Polygono-Trisetion Br.-Bl. et Tx. ex Marschall 1947 nom. inv. Tx. et Preising 1951
Das **Polygono-Trisetion** prägt die untersuchten Wiesen in den Lagen von 465 bis 630 m.
Gesellschaftsbestimmend sind *Geranium sylvaticum* (100,0), *Alchemilla vulgaris* agg. (63,6), *Phyteuma spicatum* (63,6), *Bistorta officinalis* (54,5), *Poa chaixii* (36,4), *Anemone nemorosa* (27,3), *Hypericum maculatum* (27,3), *Cirsium heterophyllum* (27,3) und *Centaurea pseudophrygia* (18,2).
Die Anzahl der Aufnahmeflächen beträgt 11. Es wurden 55 Arten erfasst, die durchschnittliche Artenzahl der Aufnahmen liegt bei 16,7. Die gleiche durchschnittliche Artenzahl des Arrhenatherion elatioris und des Polygono-Trisetion ist rein zufällig.
Bei den **Nährstoffzeigern** erreichen *Aegopodium podagraria* (63,6) und *Heracleum sphondylium* (27,3) eine höhere Stetigkeit. Nur eine geringe Bedeutung haben *Silene dioica* und *Urtica dioica*. Der Anteil der **Magerkeitszeiger** ist mit *Hypericum maculatum* (27,3) und *Campanula rotundifolia* (9,1) gering.

Eine Verarmung an diagnostisch wichtigen Arten des Arrhenatherion elatioris und Polygono-Trisetion ist nicht zu übersehen. Das liegt zum einen an der geringen Zahl der Aufnahmen, den unterschiedlichen mikroklimatischen Verhältnissen sowie der Abgeschlossenheit der Friedhöfe und den verhältnismäßig kleinen Flächen, auf denen diese Gesellschaften vorkommen. Schnittfrequenz und Mahdzeitpunkt dürften ebenfalls einen nicht zu unterschätzenden Einfluss haben. Ein Vergleich mit den Gesamtartenzahlen des Grünlandes außerhalb der Friedhöfe wäre deshalb wenig aussagekräftig.

4.1.2 Fragmentgesellschaft des Arrhenatheretalia elatioris (Pawlowski 1928) Tx. 1931 (Tabelle 9)
Auf den Rasen, die gegenwärtig nur noch ein- bis zweimal jährlich gemäht werden, zeichnet sich eine Entwicklung ab, die vermutlich in einigen Jahren zu einem **Arrhenatheretalia elatioris** führt. Diese ehemaligen Rasen weisen häufig einen bemerkenswerten bunten Blühaspekt auf.
Die pflanzensoziologische Untersuchung umfasst 60 Aufnahmen in den Höhenlagen von 265 bis 900 Meter über Normalnull. Davon entfallen auf die tieferen Lagen von 265 bis 490 Höhenmeter 37, auf die höheren Lagen von 500 bis 900 Meter 23 Aufnahmen. Insgesamt sind 127 Arten erfasst, davon entfallen auf die tieferen Lagen 107, auf die höheren Lagen 89. Die durchschnittliche Artenzahl der Aufnahmen beträgt insgesamt 18,4, in den tieferen 18,3 und in den höheren Lagen 18,5. Da in der Fragmentgesellschaft Arten der Rasen und der Wiesen vorkommen, sind die Artenzahlen geringfügig höher als im Arrhenatheretalia elatioris.

Folgende Abkürzungen finden Verwendung: G = Gesamt, TL = Form der tieferen Lagen, HL = Form der höheren Lagen.
Der gegenwärtige Entwicklungsstand der Fragmentgesellschaft ist aus Tabelle 3 ersichtlich. Gräser und Kräuter sind getrennt dargestellt. Die Differenz weist die Unterschiede von den tieferen zu den höheren Lagen aus.
Größere Differenzen lassen sich bei den Ordnungscharakterarten des **Arrhenatheretalia elatioris** feststellen. In den tieferen Lagen (TL) sind es *Bellis perennis, Achillea millefolium, Luzula campestris* und *Leontodon autumnalis*, in den höheren Lagen (HL) *Vicia sepium, Alchemilla vulgaris* agg. und *Campanula rotundifolia*.

Tabelle 3 – Stetigkeitsvergleich der Fragmentgesellschaft

O Arrhenatheretalia elatioris	G	TL	HL	Differenz
Vicia sepium	38,3	27,0	56,5	**+29,5**
Alchemilla vulgaris agg.	61,7	51,4	78,3	**+26,9**
Campanula rotundifolia	21,7	13,5	34,8	**+21,3**
Veronica chamaedrys	68,3	64,9	73,9	**+9,0**
Leucanthemum vulgare agg.	56,7	56,8	56,5	*-0,3*
Heracleum sphondylium	40,0	43,2	34,8	*-8,4*
Hypochoeris radicata	40,0	43,2	34,8	*-8,4*
Leontodon autumnalis	21,7	29,7	8,7	*-21,0*
Luzula campestris	36,7	48,6	17,4	*-31,2*
Achillea millefolium	41,7	54,1	21,7	*-32,4*
Bellis perennis	63,3	78,4	39,1	*-39,3*
Gräser				
Dactylis glomerata	48,3	37,8	65,2	**+27,4**
Arrhenatherum elatius	6,7	2,7	13,0	**+10,3**
Poa chaixii	3,3	–	8,7	**+8,7**
Trisetum flavescens	16,7	13,5	21,7	**+8,2**
Poa annua	10,0	8,1	13,0	**+4,9**
Lolium perenne	3,3	2,7	4,3	**+1,6**
Bromus hordeaceus agg.	8,3	8,1	8,7	**+0,6**
Poa trivialis	5,0	8,1	0,0	*-8,1*
K Molinio-Arrhenatheretea				
Hypericum maculatum	13,3	2,7	30,4	**+27,7**
Ajuga reptans	25,0	18,9	34,8	**+15,9**
Taraxacum officinale agg.	81,7	78,4	87,0	**+8,6**
Rumex acetosa	45,0	43,2	47,8	**+4,6**
Plantago lanceolata	63,3	64,9	60,9	*-4,0*
Ranunculus acris	46,7	48,6	43,5	*-5,1*
Trifolium repens	66,7	70,3	60,9	*-9,4*
Ranunculus repens	53,3	59,5	43,5	*-16,0*
Trifolium pratense	78,3	86,5	65,2	*-21,3*
Cerastium holosteoides	50,0	59,5	34,8	*-24,7*
Gräser				
Festuca rubra agg.	28,3	16,2	47,8	**+31,6**
Anthoxanthum odoratum	68,3	62,2	78,3	**+16,1**
Poa pratensis agg.	58,3	56,8	60,9	**+4,1**
Alopecurus pratensis	20,0	18,9	21,7	**+2,8**
Holcus lanatus	23,3	32,4	8,7	*-23,7*

Bei den Klassencharakterarten des **Molinio-Arrhenatheretea** dominieren in den tieferen Lagen *Cerastium holosteoides*, *Trifolium pratense* und *Ranunculus repens*, in den höheren Lagen *Hypericum maculatum* und *Ajuga reptans*.
Beachtliche Unterschiede gibt es bei den Gräsern. In den höheren Lagen nimmt vor allem die Stetigkeit von *Festuca rubra* agg und *Anthoxanthum odoratum* zu. *Holcus lanatus* dagegen

bevorzugt die tieferen Lagen. *Arrhenatherum elatius* erreicht nur eine verhältnismäßig geringe Stetigkeit. Es dominieren die mittelwüchsigen Gräser.

Die **Nährstoffzeiger** sind vor allem durch *Aegopodium podagraria* (TL: 18,9; HL: 43,5) und *Heracleum sphondylium* (TL: 43,2; HL: 34,8) stärker vertreten. Mit weitaus geringerer Stetigkeit treten *Poa annua* (TL: 8,1; HL: 13,0), *Arctium minus* (TL: 2,7; HL: -), *Artemisia vulgaris* (TL: 2,7; HL: -), *Campanula trachelium* (TL: 5,4; HL: 4,3), *Lamium album* (TL: 2,7; HL: -), *Rumex obtusifolius* (TL: 8,1; HL: 4,3), *Sambucus nigra* (TL: -; HL: 4,3), *Stellaria media* (TL: 2,7; HL: -), *Urtica dioica* (TL: -; HL: 4,3) und *Viola odorata* (TL: 5,4 ; HL: 4,3) in Erscheinung.

Die **Magerkeitszeiger** sind mit *Campanula rotundifolia* (TL:13,5; HL: **34,8**), *Hieracium pilosella* (TL: 13,5; HL: 13,0), *Hieracium aurantiacum* (TL: 2,7; HL: **34,8**), *Rumex acetosella* (TL: 2,7; HL: **17,4**), *Hypericum maculatum* (TL: 2,4); HL: **30,4**), *Erigeron acris* (TL: 2,7; HL: -), *Hieracium lachenalii* (TL: - ; HL: 4,3), *Pimpinella saxifraga* (TL: 8,1; HL: -) und *Potentilla erecta* (TL: - ; HL: 4,3) vertreten.

Dabei zeigt sich, dass vor allem bei *Campanula rotundifolia, Hieracium aurantiacum, Hypericum maculatum* und *Rumex acetosella* die Stetigkeit in den höheren Lagen aufallend zunimmt.

Tabelle 4 – Stetigkeitsvergleich ausgewählter Arten der Rasen des Crepido capillaris-Festucetum rubrae mit der Fragmentgesellschaft des Arrhenatheretalia elatioris

Art	Crepido capillaris-Festucetum rubrae	Fragmentgesellschaft des Arrhenatheretalia elatioris	Differenz
Crepis capillaris*	24,3	–	*-24,3*
Veronica filiformis*	3,0	1,7	*-1,3*
Plantago major	39,0	3,3	*-35,7*
Poa pratensis	61,7	27,1	*-34,6*
Bellis perennis	85,0	63,3	*-21,7*
Prunella vulgaris	21,7	1,7	*-20,0*
Trifolium repens	85,0	66,7	*-18,3*
Poa annua	27,3	10,0	*-17,3*
Lolium perenne	20,3	3,3	*-17,0*
Ranunculus repens	63,0	53,3	*-9,7*
Hypochoeris radicata	49,3	40,0	*-9,3*
Leontodon autumnalis	28,0	21,7	*-6,3*
Taraxacum officinale agg.	81,7	81,7	**0**
Cerastium holosteoides	45,3	50,0	**+ 4,7**
Aegopodium podagraria	20,0	28,3	**+ 8,3**
Achillea millefolium	28,3	41,7	**+ 13,4**
Plantago lanceolata	49,3	63,3	**+ 14,0**
Alchemilla vulgaris agg.	40,7	61,7	**+ 21,0**
Leucanthemum vulgare agg.	26,3	56,7	**+ 30,4**
Trifolium pratense	41,7	78,3	**+ 36,6**
Veronica chamaedrys	29,0	68,3	**+ 39,3**

* Assoziationscharakterarten des Crepido capillaris-Festucetum rubrae

Die untersuchte Fragmentgesellschaft lässt sich synsystematisch zwischen dem **Arrhenathe-retalia elatioris** und dem **Cynosurion cristati** einordnen. Sie wird in eine Ausbildungsform der tieferen (265-490 m über NN) und eine der höheren Lagen (500-900 über NN) unterschieden.

Interessant ist ein Vergleich der Stetigkeiten des **Crepido capillaris-Festucetum rubrae**, das der Autor 2010 untersuchte (THOSS 2010), mit der **Fragmentgesellschaft des Arrhenatheretalia elatioris**. Auswählt sind dabei Arten, außer *Veronica filiformis,* mit einer Stetigkeit ab 20 % aus dem Crepido capillaris-Festucetum rubrae. Einen Überblick dazu gibt Tabelle 4.

4.1.3 Ansaaten mit Dactylis glomerata und Lolium perenne (Tabelle 10)

Auf einigen Friedhöfen lassen sich Grünflächen beobachten, die nach Auskunft des Friedhofspersonals ein Alter von zwei bis fünf Jahren haben. Vorher befanden sich dort alte Gebäude, die abgerissen wurden oder Ablagerungsflächen für anfallende Abfälle. In die Untersuchung einbezogen sind nur Flächen mit einer Größe über 100 m^2. Eine Ansaat erfolgte mit *Dactylis glomerata* und *Lolium perenne*. In den 7 Vegetationsaufnahmen in einer Höhe von 245 bis 510 Meter über Normalnull kommen 70 Arten vor. Die durchschnittliche Artenzahl der Aufnahmen beträgt 17,4.

Außer den beiden Gräsern erreichen von den Klassencharakterarten des **Molinio-Arrhenatheretea** eine höhere Stetigkeit: *Poa pratensis* agg. (85,7), *Vicia sepium* (71,4), *Taraxacum officinale* agg. (71,4), *Trifolium pratense* (71,4), *Trifolium dubium* (57,1) und *Trifolium repens* (57,1), bei den Begleitern sind es *Plantago lanceolata* (57,1), *Rumex obtusifolius* (57,1) und *Festuca rubra* agg. (42,9).

Vorherrschend bei den wenigen **Nährstoffzeigern** ist *Rumex obtusifolius* (57,1). Nur einmal sind *Aegopodium podagraria, Calystegia sepium, Galium aparine, Poa annua* und *Viola odorata* vertreten. Auch die **Magerkeitszeiger** kommen mit *Campanula rotundifolia; Hieracium aurantiacum* und *Rumex acetosella* nur in geringer Zahl vor.

4.2 Ökologie

Es werden Status, Familienzugehörigkeit und die Rote Liste-Arten Sachsens ausgewiesen (Tabelle 5) sowie Licht-, Temperatur-, Reaktions- und Nährstoffzahlen, Strategietypen, Ausbreitungsarten und Lebensformen berechnet (Tabelle 6)

Betrachtet man den Status der untersuchten Arten, so ist vor allem bei den Indigenen der Anteil in der Fragmentgesellschaft des Arrhenatheretalia elatioris der höheren Lagen am größten, am niedrigsten in der Fragmentgesellschaft des Arrhenatheretalia elatioris der tieferen Lagen. Der Anteil der Neophyten dagegen erreicht in den Ansaaten, im Arrhenatherion elatioris und in der Fragmentgesellschaft des Arrhenatheretalia elatioris der tieferen Lagen höhere Anteile. Durch Pflegemaßnahmen auf den Friedhöfen, insbesondere der wechselnden Bepflanzungen der Grabstellen, kommt es vor allem durch anhaftende Diasporen zur Einschleppung von Neophyten. Aber auch kultivierte Arten wie zum Beispiel *Aquilegia* spec., *Crocus* spec., *Galanthus nivalis, Muscari armeniacum, Narcissus pseudonarcissus* samen aus, siedeln meist aber nur episodisch in den angrenzenden Gesellschaften.

Die Asteraceae, artenreichste Familie der Flora Deutschlands, die Poaceae und die Fabaceae sind die am häufigsten vorkommenden Familien. Der Gräser-Anteil ist im Polygono-Trisetion am höchsten, dagegen haben die Fabaceaen bei den Ansaaten den größeren Anteil.

Die Rote Liste-Arten (SCHULZ 1999) sind wie folgt vertreten.

Stark gefährdet (2): *Listera ovata;* **Gefährdet** (3) *Centaurea pseudophrygia, Epipactis helleborine;* **Vorwarnliste:** *Geranium sylvaticum, Hieracium caespitosum, Phyteuma nigrum, Poa chaixii, Potentilla tabernaemontani, Primula elatior, Sanguisorba officinalis.*

Listera ovata wurde auf dem Friedhof in Beerheide beobachtet, wo sie zum Zeitpunkt der Aufnahme von der Mahd verschont war. *Epipactis helleborine* ist auf dem Hauptfriedhof

Zwickau (KOSMALE 2009) in großen Beständen auf Wiesenflächen und zwischen den Grabstellen anzutreffen.

Tabelle 5 – Status, Familienzugehörigkeit und Rote Liste-Arten

Vegetationseinheit	1	2	3	4	5
Status [%]					
Indigen	81,7	83,6	81,3	87,6	81,4
Indigenat zweifelhaft	1,2	1,8	0,9	1,1	1,4
Archäophyt	7,3	5,5	5,6	4,5	7,1
Archäophyt zweifelhaft	–	–	1,9	1,1	–
Neophyt	8,5	7,3	8,4	4,5	8,6
Gartenflüchtlinge	1,2	–	1,9	1,1	–
unbeständiger Neophyt	–	1,8	–	–	1,4
Familien [%]					
Asteraceae	13,4	16,4	19,6	18,0	18,6
Poaceae	12,2	20,0	13,1	14,6	17,1
Fabaceae	8,5	9,1	8,4	6,7	11,4
Rote Liste Sachsen [Anzahl]					
Stark gefährdet	–	–	–	1	–
Gefährdet	–	1	2	–	–
Vorwarnliste	2	2	3	3	2

Erläuterungen zu den Vegetationseinheiten:
1 Arrhenatherion elatioris
2 Polygono-Trisetion
3 Fragmentgesellschaft des Arrhenatheretalia elatioris der tieferen Lagen
4 Fragmentgesellschaft des Arrhenatheretalia elatioris der höheren Lagen
5 Ansaaten mit Dactylis glomerata und Lolium perenne

Die Auswertung ausgewählter ökologischer Zeigerwerte (Tabelle 6) bezieht sich nur auf Arten, die eine Stetigkeit von 10 % und mehr erreichen, da es sonst zu Verfälschungen kommen kann. Die Artenzahl weist auf die jeweils berechneten Werte hin, in der Klammer steht die Gesamtartenzahl der jeweiligen Vegetationseinheit.

Tabelle 6 – Übersicht der Berechnung ausgewählter Zeigerwerte

Vegetationseinheit	1	2	3	4	5
Artenzahl:	**48** (82)	**34** (55)	**43** (107)	**39** (89)	**70** (70)
Zeigerwerte					
Lichtzahl	6,9	6,6	6,8	6,9	6,6
Temperaturzahl	5,3	4,5	5,4	4,7	5,4
Feuchtezahl	5,2	5,6	5,2	5,2	5,2
Reaktionszahl	5,8	5,4	5,8	5,3	5,8
Nährstoffzahl	5,5	5,7	5,3	5,3	5,5

	1	2	3	4	5
Strategietypen [%]					
Konkurrenzstrategen	42,6	52,9	39,5	35,9	35,7
Stressstrategen	2,1	–	–	–	1,4
Ruderalstrategen	8,5	–	4,7	5,1	8,6
Konkurrenz-Ruderal-Strategen	6,4	2,9	2,3	2,6	7,1
Konkurrenz-Stress-Strategen	2,1	5,9	2,3	2,6	2,9
Konkurrenz-Stress-Ruderal-Strategen	38,3	38,2	51,2	53,8	44,3
Ausbreitungsart [%]:					
Windausbreitung	38,5	38,2	34,8	36,9	34,5
Ameisenausbreitung	12,5	10,3	13,5	11,9	12,7
Klettausbreitung	27,1	33,8	28,1	31,0	28,2
Wasserausbreitung	6,3	4,4	4,5	6,0	4,2
Menschenausbreitung	–	–	–	–	–
Selbstausbreitung	14,6	13,2	16,9	11,9	15,5
Verdauungsausbreitung	1,0	–	1,1	2,4	4,2
Verschleppung durch Tiere	–	–	1,1	–	0,7
Lebensform [%]:					
Therophyt	10,9	2,4	5,9	6,5	15,4
Geophyt	7,3	7,3	3,9	4,3	7,7
krautiger Chamaephyt	9,1	7,3	7,8	6,5	6,6
Phanerophyt	1,8	–	2,0	–	2,2
Liane	5,5	4,9	5,9	2,2	5,5
Hemikryptophyt (ohne speziellen Typ)	5,7	12,3	7,5	15,6	14,2
Hemikryptophyta caespitosa	12,8	16,4	10,4	18,2	15,7
Hemikryptophyta reptantia stolonifera	4,3	4,1	6,0	10,4	10,0
Hemikryptophyta reptantia rhizomatosa	14,2	14,4	16,4	20,7	14,2
Hemikryptophyta scaposa	2,8	6,2	4,5	5,2	2,8
Hemikryptophyta rosulata	25,6	24,6	29,8	10,4	5,7
Durchschnittliche Mahdzahl:	6,3	6,4	6,4	6,5	6,1
Durchschnittliche Trittzahl:	4,7	4,6	4,9	5,1	4,9

Erläuterungen zu den Vegetationseinheiten:

1 Arrhenatherion elatioris

2 Polygono-Trisetion

3 Fragmentgesellschaft des Arrhenatheretalia elatioris der tieferen Lagen

4 Fragmentgesellschaft des Arrhenatheretalia elatioris der höheren Lagen

5 Ansaaten mit Dactylis glomerata und Lolium perenne

Betrachtet man die Auswertung der Zeigerwerte, so sind überraschenderweise nur geringe Unterschiede erkennbar.

Die Auswertung der **Lichtzahlen** zeigt, dass vorrangig den Halbschatten liebende Pflanzen vorkommen, die Schatten bis 30 % tolerieren.

Bei den **Temperaturzahlen** überwiegen die Mäßigwärmezeiger. Geringfügige Abweichungen sind in Gesellschaften in Lagen über 500 m über Normalnull zu erkennen.

Die **Feuchtezahlen** kennzeichnen die Böden als frisch. Im Polygono-Trisetion sind die Werte geringfügig etwas höher. Die **Reaktionszahl,** die die Nährstoffverfügbarkeit für die Pflanzen im Boden charakterisiert, zeigt mäßigsaure- bis schwachsaure-/schwachbasische Böden an. Ebenfalls geringe Unterschiede lassen sich bei den **Nährstoffzahlen** feststellen, die mäßig stickstoffreiche bis stickstoffreiche Verhältnisse ausweisen. Einen gewissen Einfluss haben sicher auch die Fabaceae, die mit ihren Wurzelknöllchen die symbiontische Stickstofffixierung der Humusauflage beeinflussen. Hinzu kommt der aktuelle atmosphärische Stickstoffeintrag, der für das untersuchte Gebiet jährlich 15 bis 21 Kilogramm beträgt (Waldzustandsbericht für Sachsen 2009). Die Böden der Friedhöfe, die nach GRAF (1986) eine anthromorphe Sonderform darstellen und der geologische Untergrund haben vermutlich nur einen geringen Einfluss auf die Nährstoffverhältnisse.

Wie aus dem Strategieverbreitungsspektrum der Flora Deutschlands (KLOTZ et al. 2002) hervorgeht, haben die **Konkurrenzstrategen** und die **Konkurrenz-Stress-Ruderal-Strategen** den höchsten Anteil. Beide Typen nehmen auch in den untersuchten Gesellschaften eine führende Stellung ein. Zu den **Konkurrenzstrategen** zählen konkurrenzstarke und langlebige Arten, die an die Störungen durch die Mahd gut angepasst sind. Das zeigt sich durch die höheren prozentualen Anteile im Arrhenatherion elatioris und Polygono-Trisetion.

Meist kleinwüchsige Rosettenpflanzen bilden die Gruppe der **Konkurrenz-Stress-Ruderal-Strategen**, die eine intermediäre Stellung einnehmen. Die höheren prozentualen Anteile bei den Fragmentgesellschaften und den Ansaaten weisen hier auf den gegenwärtigen Entwicklungsstand dieser Gesellschaften hin. Eine untergeordnete Stellung nehmen **Stressstrategen**, **Konkurrenz-Ruderal-Strategen** und **Konkurrenz-Stress-Strategen** ein.

Stress-Ruderal-Strategen, meist kurzlebige einjährige Pflanzen, die vor allem in Pioniergesellschaften auftreten, fehlen vollständig. In den untersuchten Rasen der Friedhöfe (THOß 2010) haben dagegen die Konkurrenzstrategen einen geringeren, die Konkurrenz-Stress-Ruderal-Strategen einen höheren Anteil.

Einen wesentlichen Einfluss bei der Besiedlung neuer Standorte hat die Art der **Ausbreitung**, die meist auf der Einwirkung mehrerer Ausbreitungsvektoren beruht. Die **Windausbreitung** hat dabei den größten Anteil gefolgt von der **Klett- und Selbstausbreitung**. Die anderen Ausbreitungsarten spielen nur eine untergeordnete Rolle. *Lamium argentatum*, die einzige Art in den Gesellschaften, die durch Menschen verbreitet wird, hat nur eine geringe Stetigkeit und ist deshalb in der Übersicht nicht berechnet.

Erwartungsgemäß dominieren bei den **Lebensformen** die Hemikryptophyten. Dabei überwiegen vor allem die **Hemikryptophyta rosulata** (rosettenbildende Kriechpflanzen), die **Hemikryptophyta reptantia rhizomatosa** (Kriechpflanzen mit unterirdischen Ausläufern) und die **Hemikryptophyta caespitosa** (horstförmigen Kriechpflanzen). **Hemikryptophyten,** die sich **keinem besonderen Typ** zuordnen lassen, haben einen durchschnittlichen Anteil von ca. 11 Prozent. Die **Hemikryptophyta reptantia stolonifera** (Kriechpflanzen mit oberirdischen Ausläufern) und **Hemikryptophyta scaposa** (schaftförmige Kriechpflanzen) spielen eine untergeordnete Rolle.

Tabelle 7 zeigt das Vorkommen der Arten in den untersuchten Gesellschaften, die zu den Hemikryptophyta caespitosa, Hemikryptophyta rosulata und Hemikryptophyta reptantia rhizomatosa gehören.

In allen untersuchten Gesellschaften kommen *Alchemilla vulgaris* agg., *Anthoxanthum odoratum, Bellis perennis, Dactylis glomerata, Festuca rubra* agg., *Leucanthemum vulgare* agg., *Luzula campestris, Plantago lanceolata, Poa pratensis* agg., *Taraxacum officinale* agg. und *Trifolium pratense* vor. Die meisten Arten sind bei den Ansaaten zu beobachten.

Der Anteil der **Therophyten** ist bei den Ansaaten am höchsten gefolgt vom Arrhenatherion elatioris. Ein relativ starker Rückgang ist beim Polygono-Trisetion zu verzeichnen.

Die **Geophyten** sind im Arrhenatherion elatioris, im Polygono-Trisetion und den Ansaaten am häufigsten, bei den Fragmentgesellschaften dagegen deutlich geringer vertreten.

Ein niedriger Anteil lässt sich bei den krautigen **Chamaephyten, Phanerophyten** und **Lianen** beobachten. **Holzige Chamaephyten, Nanophanerophyten, Hydrophyten, Epiphyten, Voll-** und **Halbparasiten** sowie **Saprophyten** fehlen vollständig.

Tabelle 7 – Vorkommen der Arten der Hemikryptophyta caespitosa, Hemikryptophyta rosulata und Hemikryptophyta reptantia rhizomatosa in den einzelnen Gesellschaften

Art	1	2	3	4	5
Hemikryptophyta caespitosa					
Anthoxanthum odoratum	X	X	X	X	X
Dactylis glomerata	X	X	X	X	X
Festuca rubra agg.	X	X	X	X	X
Luzula campestris	X	X	X	X	X
Trifolium pratense	X	X	X	X	X
Arrhenatherum elatius	X	X		X	
Heracleum sphondylium	X	X	X		
Holcus lanatus	X		X	X	X
Epilobium montanum					X
Lolium perenne					X
Lotus corniculatus					X
Rumex obtusifolius					X
Anthriscus sylvestris	X				
Poa trivialis		X			
Hemikryptophyta rosulata					
Bellis perennis	X	X	X	X	X
Plantago lanceolata	X	X	X	X	X
Taraxacum officinale agg.	X	X	X	X	X
Hypochoeris radicata	X		X	X	X
Leontodon hispidus	X		X		X
Hemikryptophyta reptantia rhizomatosa					
Alchemilla vulgaris agg.	X	X	X	X	X
Leucanthemum vulgare agg.	X	X	X	X	X
Poa pratensis agg.	X	X	X	X	X
Achillea millefolium	X		X	X	X
Alopecurus pratensis	X	X	X	X	X
Rumex acetosa	X	X	X	X	X
Campanula rotundifolia	X			X	X
Leontodon autumnalis	X				X
Vicia cracca	X				
Veronica serpyllifolia				X	
Agrostis capillaris					
Bistorta officinalis		X			
Primula elatior					X

Erläuterungen zu den Vegetationseinheiten:
1 Arrhenatherion elatioris
2 Polygono-Trisetion
3 Fragmentgesellschaft des Arrhenatheretalia elatioris der tieferen Lagen

4 Fragmentgesellschaft des Arrhenatheretalia elatioris der höheren Lagen
5 Ansaaten mit Dactylis glomerata und Lolium perenne

Die Auswertung der **Mahdzeigerwerte** zeigt, dass die Arten mäßig bis gut schnittverträglich sind, während die **Trittzahlen** auf mäßig trittverträgliches Verhalten hinweisen.

5 Danksagung
Mit Herrn PD Dr. Ing. habil. H. Sänger (Crimmitschau) diskutierte ich die gesamte Arbeit, aber vor allem Probleme zur Ökologie. Für die kritische Durchsicht des Manuskripts danke ich ihm ganz herzlich.

6 Bemerkungen zur Pflege von Wiesen auf Friedhöfen
Mahd und Weide sind wesentliche Voraussetzungen für die Erhaltung von Wiesen. Ausführliche Untersuchungen vor allem zur Mahd haben u. a. LUY & SCHWAB (2002) durchgeführt. Einige wesentliche Schwerpunkte sollen nachfolgend genannt werden.
Das Mikroklima (Lichtfaktor, Temperaturschwankungen, Wirkung des Windes und die damit verbundene Änderung der Luftfeuchte) ist durch die Mahd ständigen Veränderungen unterworfen. Artenzusammensetzung und Artenvielfalt werden von den Standortbedingungen und dem jeweiligen Pflegemanagement bestimmt. Wichtig dabei sind Häufigkeit und Zeitpunkt der Mahd. Je seltener diese erfolgt und je weiter der Abstand zwischen zwei Mahden ist, umso mehr haben die Pflanzen Zeit zum Wachsen, Blühen und zur Samenreife. So dauert bei Pflanzen mit langsamer Entwicklung die Samenreife bis zu einem Vierteljahr.
Der Artenreichtum der untersuchten Gesellschaften wird weiterhin beeinflusst von der Größe der Wiesenflächen. Im untersuchten Gebiet liegt deren Größe meist unter einem halben Hektar. Weiterhin ist das Artenspektrum auch von der jeweiligen Höhenlage des Standortes abhängig, da mit steigender Höhenlage die Temperaturen sinken und die Niederschläge zunehmen. Bei nur einer jährlichen Mahd kann es auf nährstoffreichen Standorten zur Dominanz hochwüchsiger Gräser kommen. Der Anteil der Kräuter und deren bunter Aspekt geht dabei zurück. Die gleichen Folgen hat eine Mahd Mitte Mai. Je nach Schnitthöhe am Mähgerät erfolgt bei zu tiefer Einstellung ein Abrasieren von Grashorsten und anderen Erhebungen. Als Folge kann es vor allem in den Sommermonaten zum regelrechten Verbrennen der Vegetation kommen.
Die Forderungen von Naturschutzverbänden und anderen Interessengruppen nach einer Umwandlung von Rasenflächen in bunte und artenreiche Wiesen ist sicher berechtigt, die Umsetzung dagegen allerdings differenziert zu betrachten und oft mit Problemen verbunden.
Nach Beobachtungen des Autors werden Wiesen auf Friedhöfen keinesfalls von allen Besuchern, besonders im ländlichen Bereich, akzeptiert. Althergebrachte Vorstellungen von Pflege und Ordnung sind noch tief verwurzelt. So wird oft gefordert, dass auf einem Friedhof der Rasen kurz zu halten ist. „Wildwuchs" ist verpönt. Regelmäßig geschnittene Rasen vermitteln einen „gepflegten" Eindruck. Die Friedhofsverwaltungen stehen dabei meist zwischen den Interessengruppen. Gleichwohl beobachtet man da und dort auch buntblühende und ästhetisch ansprechende kleinere Wiesenreste, die für wenige Wochen von der Mahd verschont bleiben. Es scheint sich also doch ein Wandel anzubahnen.
Zu berücksichtigen bei der Betrachtung des Problems der Pflege ist die finanzielle Ausstattung der Friedhöfe. Besonders bei im kirchlichen Besitz befindlichen Begräbnisstätten sind die finanziellen Mittel sehr begrenzt, Friedhöfe im städtischen Besitz haben gegenwärtig noch einen größeren finanziellen Spielraum.
Über die Kosten für die Pflege der Grünflächen und die Entsorgung des Mähgutes geben ebenfalls LUY & SCHWAB (2002) wichtige Hinweise. Diesbezügliche Unterschiede ergeben sich nicht nur aus der Anzahl der Mähgänge, sondern auch aus dem Schwierigkeitsgrad des

Geländes. Gleichfalls nicht zu vernachlässigen ist der Energieverbrauch der Mähgeräte und deren Wartungsaufwand.

Auch KUNICK (1983) geht auf die Kosten ein und meint:" *Die gleichzeitige Erwartung, dass eine Verringerung der Schnittfrequenz zugleich automatisch die Pflegekosten verringert, dürfte hingegen oft unzutreffend sein. Die hängt von betriebstechnischen und organisatorischen Faktoren ab, die von Ort zu Ort sehr unterschiedlich sein können."*

Weiterhin stellt er in seinen Ausführungen abschließend fest, dass *„Die anfänglich bei einem Teil der Bevölkerung, aber auch innerhalb der Gärtnerschaft wohl aufkommende Verständnislosigkeit über die Duldung solchen wilden Bewuchses lässt sich sicher durch kontinuierliche Information abbauen, ...“* Eine positive Vorreiterrolle hat diesbezüglich der Hauptfriedhof der Stadt Zwickau. Auf einer großen Hinweistafel wird dort das Augenmerk der Besucher auf den Schutz der Breitblättrigen Stendelwurz (*Epipactis helleborine*) gelenkt, die in großer Zahl auf Rasen, Wiesen und zwischen Gräbern von Juni bis August blüht. Eine Hinweistafel weist auf den Schutz dieser Orchidee hin und erläutert, welche Pflegemaßnahmen zur Erhaltung erforderlich sind.

Den sich abzeichnenden Wandel bei der Friedhofskultur und neue Wege für die Zukunft zeigen u.a. MIES (2002) und WAHL (2007) ausführlich in ihren umfangreichen Arbeiten auf.

7 Quellenverzeichnis

BASTIAN, O. & SYRBE, R.-U. (o.J.): Naturräume in Sachsen – eine Übersicht. Landschaftsgliederungen in Sachsen. Hrsg: Landesverein Sächsischer Heimatschutz e.V. Dresden.

BÖHNERT, W., GUTTE, P. & SCHMIDT, P. (2001): Verzeichnis und Rote Liste der Pflanzengesellschaften Sachsens. Materialien zu Naturschutz und Landschaftspflege. Hrsg. Sächsisches Landesamt für Umwelt u. Geologie. Dresden.

BRAUN-BLANQUET, J. (1964): Pflanzensoziologie – Grundlage der Vegetationskunde. Wien-New York (Springer). 2., umgearbeitete und vermehrte Auflage.

DIERSCHKE, H. [Bearb.] 1997: Molinio-Arrhenatheretea (E 1). Synopsis der Pflanzengesellschaften Deutschlands. H. 3. Kulturgrasland und verwandte Vegetationstypen.Teil 1: Arrhenatheretalia. Wiesen und Weiden frischer Standorte. Göttingen.

ELLENBERG, H. (1952): Wiesen und Weiden und ihre standörtliche Bedeutung. Ulmer. Stuttgart.

ELLENBERG, H., DÜLL, R., WIRTH, V., WERNER, W. & PAULISSEN, D. (1992): Zeigerwerte von Pflanzen in Mitteleuropa. 2. verbesserte und erweiterte Auflage. Scripta Geobotanica XVIII. Götze KG Göttingen.

FRANK, D. & KLOTZ, S. (1990): Biologisch-ökologische Daten zur Flora der DDR. 2. völlig neu bearbeitete Auflage. Halle (Saale).

GRAF, A. (1986): Flora und Vegetation der Friedhöfe in Berlin (West). Verh. Berl. Bot. Ver. 5. Berlin.

HARDTKE, H.-J. & Ihl, A. (2000): Atlas der Farn- und Samenpflanzen Sachsens. Sächsisches Landesamt für Umwelt und Geologie. Materialien zu Naturschutz und Landschaftspflege. Dresden.

HERMANN, E., KUNZE, C., SÄNGER, H. & THOSS, W. (2001): Problemorientierte Auswertung biologischer Daten mit den Computerprogrammen BioMap, BioDat und RecuSim. Artenschutzreport (Jena) 11: 76-80.

KLOTZ, S., KÜHN, I. & DURKA, W. (2002): BIOLFLOR – Eine Datenbank mit biologisch-ökologischen Merkmalen zur Flora von Deutschland. Bundesamt für Naturschutz. Bonn-Godesberg.

KOSMALE, S. (2009): Naturschutz auf Friedhöfen – Möglichkeit und Chance. Mitteilungen des Landesvereins Sächsischer Heimatschutz e.V. 1/2009: 39-41.

KUNICK, W. (1983): Ökologische Bedeutung naturnäherer Gras- und Rasenflächen. Das Gartenamt 32: 26-29.

LUY, M. & SCHWAB, U. (2002): http://www.glus.org/download/mb_fach.doc. München blüht. Ein Projekt für mehr Blumenwiesen in München. Abgerufen: 11.01. 2012.

MIES, J. (2002): Neue Wege für Friedhöfe in Großstädten. Entwicklung der Bestattungsplätze vom 20. in das 21. Jahrhundert in den neuen Bundesländern. Dresden. 203 S. TU Dresden, Fakultät Architektur (Hrsg.).

MÜLLER, F. (2004): Verbreitungsatlas der Moose Sachsens. lutra-Verlag. Tauer.

SCHULZ, D. (1999): Rote Liste Farn- und Samenpflanzen. Materialien zu Naturschutz und Landschaftspflege. Hrsg. Sächsisches Landesamt für Umwelt und Geologie. Abt. Natur- und Landschaftsschutz, Referat Landschaftspflege, Artenschutz. Dresden.

THOSS, W. (2010): Vegetation und Ökologie ausgewählter Rasen auf Friedhöfen im westlichen Sachsen. In Sächs. Florist. Mitt. H 13:3-26.

WAHL, H. (2007): Friedhöfe im Wandel – Bedeutung, Potenziale und Strategien aus Sicht der Raumplanung. Abschlussarbeit MAS ETH in Raumplanung. Eidgenössische Technische Hochschule Zürich. Swiss Federal Institute of Technology Zurich.

Waldzustandsbericht 2009. Hrsg: Sächsisches Staatsministerium für Umwelt und Landwirtschaft. 1. Auflage. Dresden.

Folgende Karten wurden verwendet:

Übersichtskarte von Sachsen: Mittlerer Jahresniederschlag (2000), Messperiode 1961- 1991, 1:300 000, Sächsische Landesanstalt für Forsten Graupa.

Übersichtskarte von Sachsen: Mittlere Jahrestemperatur (2000), 1:300 000, Sächsische Landesanstalt für Forsten Graupa.

Internet:
[1] http://www.atlas.sachsen.de/gps/sachsenatlas.jsp. Abgerufen: 30. 11. 2011.

[2] http://www.deutschefotothek.de/?MEDIA_KARTEN#|2. Abgerufen: 15.12. 2010

8 Anhang

Vegetationsaufnahmen

- Tabelle 8 – **Arrhenatheretalia elatioris** (Pawlowski 1928) Tx. 1931
  (Frischwiesen und Frischweiden)

- Tabelle 9 — **Fragmentgesellschaft des Arrhenatheretalia elatioris** (Pawlowski
  1928) Tx. 1931   (Frischwiesen und – weiden)

- Tabelle 10 – **Ansaaten mit Dactylis glomerata und Lolium perenne**

Bildteil
Alle Fotos: Wolfgang Thoß

Tabelle 8 – **Arrhenatheretalia elatioris** (Pawlowski 1928) Tx. 1931
(Frischwiesen und Frischweiden)

Nr.	1		2		3
Artenzahl	99		82		55
Durchschnittliche Artenzahlen	16,7		16,7		16,7
Anzahl der Aufnahmen	29		18		11
Höhe über Normalnull [m]	260-630		260- 460		465-630
O Arrhenatheretalia elatioris					
Veronica chamaedrys	58,6		44,4		81,8
Leucanthemum vulgare agg.	51,7		66,7		27,3
Bellis perennis	51,7		55,6		45,5
Alopecurus pratensis	48,3		27,8		81,8
Dactylis glomerata	44,8		44,4		45,5
Vicia sepium	31,0		22,2		45,5
Trifolium dubium	24,1		33,3		-
Heracleum sphondylium	24,1		22,2		27,3
Achillea millefolium	20,7		27,8		-
Anthriscus sylvestris	17,2		11,1		27,3
Leontodon autumnalis	10,3		11,1		-
V Arrhenatherion elatioris					
Arrhenatherum elatius	69,0		100,0		18,2
Campanula patula	13,8		22,2		-
Bromus hordeaceus agg.	13,8		22,2		-
Leontodon hispidus	13,8		16,7		-
Pastinaca sativa	6,9		11,1		-
V Polygono-Trisetion					
Geranium sylvaticum	37,9		-		100,0
Alchemilla vulgaris agg.	51,7		44,4		63,6
Phyteuma spicatum	31,0		11,1		63,6
Bistorta officinalis	20,7		-		54,5
Poa chaixii	13,8		-		36,4
Anemone nemorosa	10,3		-		27,3
Hypericum maculatum	10,3		-		27,3
Cirsium heterophyllum	10,3		-		27,3
Centaurea pseudophrygia	6,9		-		18,2
K Molinio-Arrhenatheretea					
Taraxacum officinale agg.	69,0		77,8		54,5
Trifolium pratense	62,1		66,7		54,5
Cerastium holosteoides	55,2		44,4		72,7
Poa pratensis agg.	51,7		55,6		45,5
Ranunculus acris	41,4		50,0		27,3
Ranunculus repens	37,9		50,0		18,2
Ajuga reptans	34,5		11,1		-
Holcus lanatus	20,7		27,8		-

	Nr. 1	Nr. 2	Nr. 3
Lathyrus pratensis	20,7	27,8	9,1
Rumex acetosa	13,8	22,2	-
Trifolium repens	13,8	16,7	-
Vicia cracca	13,8	16,7	-
Cardamine pratensis	10,3	-	18,2
Häufige Begleiter			
Anthoxanthum odoratum	65,5	72,2	54,5
Plantago lanceolata	41,4	55,6	18,2
Luzula campestris	34,5	44,4	18,2
Festuca rubra agg.	34,5	22,2	54,5
Aegopodium podagraria	31,0	11,1	63,6
Thlaspi caerulescens	27,6	16,7	45,5
Veronica arvensis	20,7	27,8	-
Hypochoeris radicata	13,8	22,2	-
Poa trivialis	13,8	-	36,4
Lysimachia nummularia	13,8	16,7	-
Equisetum arvense	13,8	22,2	-
Saxifraga granulata	10,3	16,7	-
Cirsium arvense	6,9	11,1	-
Veronica hederifolia	6,9	11,1	-
Arabidopsis thaliana	6,9	11,1	-
Neophyten			
Sedum spurium	10,3	16,7	-
Narcissus pseudonarcissus	6,9	11,1	-
Gartenflüchtlinge			
Primula spec.	6,9	11,1	-
Gehölzjungwuchs			
Acer pseudoplatanus	6,9	11,1	-
Moose			
Brachythecium rutabulum	31,0	27,8	36,4
Rhytidiadelphus squarrosus	24,1	22,2	27,3
Atrichum undulatum	13,8	16,7	9,1
Plagiomnium affine	6,9	11,1	-

Nr. 1 = Arrhenatheretalia elatioris
Nr. 2 = Arrhenatherion elatioris
Nr. 3 = Polygono-Trisetion

Nur einmal vorkommend:
V Arrhenatherion elatioris (Glatthafer-Frischwiesen):
Arabis glabra, Calystegia sepium, Campanula rotundifolia, Campanula trachelium, Epilobium montanum, Galanthus nivalis, Galium album, Galium odoratum, Geranium robertianum, Geum urbanum, Glechoma hederacea, Hieracium aurantiacum, Hieracium murorum, Hypericum perforatum, Lamium argentatum, Lamium purpureum, Linaria vulgaris, Lotus corniculatus,

Medicago lupulina, Myosotis arvensis, Myosotis sylvatica, Ornithogalum umbellatum agg., Potentilla reptans, Potentilla tabernaemontani, Quercus robur, Rumex obtusifolius, Sanguisorba officinalis, Senecio jacobaea, Stellaria graminea, Trisetum flavescens, Urtica dioica, Veronica serpyllifolia, Viola odorata.

V Polygono-Trisetion (Goldhafer-Bergwiesen):
Achillea millefolium, Ajuga reptans, Campanula rotundifolia, Centaurea montana, Fragaria x ananassa, Galium saxatile, Hesperis matronalis, Holcus lanatus, Lamium argentatum, Leontodon autumnalis, Leontodon hispidus, Leontodon hispidus, Lolium perenne, Lysimachia nummularia, Ornithogalum umbellatum agg., Phleum pratense, Rubus idaeus, Silene dioica, Trifolium dubium, Urtica dioica, Veronica arvensis, Vicia cracca.

Tabelle 9 — **Fragmentgesellschaft des Arrhenatheretalia elatioris** (Pawlowski 1928) Tx. 1931 (Frischwiesen und – weiden)

	G		TL		HL
	1		2		3
Artenzahl	127		107		89
Durchschnittliche Artenzahlen	18,4		18,3		18,5
Anzahl der Vegetationsaufnahmen	60		37		23
Höhe über Normalnull [m]	265-900		265-490		500-900
O Arrhenatheretalia elatioris					
Bellis perennis	63,3		**78,4**		39,1
Achillea millefolium	41,7		**54,1**		21,7
Luzula campestris	36,7		**48,6**		17,4
Leontodon autumnalis	21,7		**29,7**		8,7
Alchemilla vulgaris agg.	61,7		51,4		**78,3**
Dactylis glomerata	48,3		37,8		**65,2**
Vicia sepium	38,3		27,0		**56,5**
Campanula rotundifolia	21,7		13,5		**34,8**
Veronica chamaedrys	68,3		64,9		73,9
Leucanthemum vulgare agg.	56,7		56,8		56,5
Heracleum sphondylium	40,0		43,2		34,8
Hypochoeris radicata	40,0		43,2		34,8
Thlaspi caerulescens	31,7		32,4		30,4
Phyteuma spicatum	23,3		18,9		30,4
Trifolium dubium	20,0		18,9		21,7
Trisetum flavescens	16,7		13,5		21,7
Campanula patula	13,3		16,2		8,7
Hieracium pilosella	13,3		13,5		13,0
Poa annua	10,0		8,1		13,0
Saxifraga granulata	10,0		16,2		-
Anemone nemorosa	8,3		8,1		8,7
Bromus hordeaceus agg.	8,3		8,1		8,7
Geranium sylvaticum	8,3		8,1		8,7
Arrhenatherum elatius	6,7		2,7		13,0
Bistorta officinalis	5,0		2,7		8,7
Galium album	5,0		2,7		8,7

Poa trivialis	5,0		8,1	-
Potentilla reptans	5,0		8,1	-
Lolium perenne	3,3		2,7	4,3
Lotus corniculatus	3,3		5,4	-
Phyteuma nigrum	3,3		5,4	-
Poa chaixii	3,3			8,7
Sanguisorba officinalis	3,3		5,4	-
Senecio jacobaea	3,3		2,7	4,3
K Molinio-Arrhenatheretea				
Trifolium pratense	78,3		**86,5**	65,2
Ranunculus repens	53,3		**59,5**	43,5
Cerastium holosteoides	50,0		**59,5**	34,8
Holcus lanatus	23,3		**32,4**	8,7
Anthoxanthum odoratum	68,3		62,2	**78,3**
Festuca rubra agg.	28,3		16,2	**47,8**
Ajuga reptans	25,0		18,9	**34,8**
Hypericum maculatum	13,3		2,7	**30,4**
Taraxacum officinale agg.	81,7		78,4	87,0
Trifolium repens	66,7		70,3	60,9
Plantago lanceolata	63,3		64,9	60,9
Poa pratensis agg.	58,3		56,8	60,9
Ranunculus acris	46,7		48,6	43,5
Rumex acetosa	45,0		43,2	47,8
Alopecurus pratensis	20,0		18,9	21,7
Vicia cracca	16,7		21,6	8,7
Leontodon hispidus	15,0		18,9	8,7
Lysimachia nummularia	10,0		10,8	8,7
Glechoma hederacea	10,0		13,5	4,3
Lathyrus pratensis	8,3		10,8	4,3
Cardamine pratensis	6,7		5,4	8,7
Stellaria graminea	6,7		5,4	8,7
Luzula multiflora	6,7		5,4	8,7
Ranunculus auricomus agg.	3,3		2,7	4,3
Hieracium caespitosum	3,3		-	8,7
Begleiter				
Aegopodium podagraria	28,3		18,9	**43,5**
Veronica serpyllifolia	11,7		8,1	17,4
Hypericum perforatum	10,0		10,8	8,7
Rumex acetosella	8,3		2,7	**17,4**
Veronica arvensis	8,3		10,8	4,3
Rumex obtusifolius	6,7		8,1	4,3
Myosotis arvensis	5,0		2,7	8,7
Pimpinella saxifraga	5,0		8,1	-
Campanula trachelium	5,0		5,4	4,3
Fragaria vesca	5,0		-	13,0
Viola riviniana	5,0		2,7	8,7

	G		TL		HL
Equisetum arvense	3,3		2,7		4,3
Deschampsia flexuosa	3,3		5,4		-
Epilobium montanum	3,3		-		8,7
Cirsium arvense	3,3		5,4		-
Tanacetum vulgare	3,3		2,7		4,3
Plantago major	3,3		2,7		4,3
Neophyten					
Hieracium aurantiacum	15,0		2,7		**34,8**
Centaurea montana	10,0		8,1		13,0
Viola odorata	5,0		5,4		4,3
Galanthus nivalis	5,0		8,1		-
Narcissus pseudonarcissus	3,3		5,4		-
Gartenflüchtlinge					
Myosotis sylvatica	18,3		16,2		21,7
Primula spec.	5,0		8,1		-
Gehölzjungwuchs					
Quercus robur	6,7		10,8		-
Acer platanoides	5,0		5,4		4,3
Acer pseudoplatanus	3,3		2,7		4,3
Carpinus betulus	3,3		5,4		-
Moose					
Rhytidiadelphus squarrosus	28,3		24,3		34,8
Brachythecium rutabulum	25,0		21,6		30,4
Brachythecium albicans	16,7		18,9		13,0
Polytrichum formosum	13,3		10,8		17,4
Plagiomnium affine	10,0		13,5		4,3
Atrichum undulatum	8,3		8,1		8,7
Climacium dendroides	5,0		8,1		-
Scleropodium purum	3,3		5,4		0,0

G = Gesamt, TL = Form der tieferen Lagen, HL = Form der höheren Lagen.

Nur einmal vorkommend:
Tiefere Lagen:
Arabidopsis thaliana +, Arctium minus r, Artemisia vulgaris r, Carex muricata agg. 1, Centaurea pseudophrygia 1, Cerastium arvense 1, Cerastium tomentosum +, Crocus spec. r, Epipactis helleborine agg. 1, Erigeron acris r, Festuca pratensis 1, Filipendula ulmaria +, Hieracium murorum +, Hieracium spec. +, Lamium album +, Medicago lupulina 2, Muscari armeniacum r, Ornithogalum umbellatum agg. +, Persicaria amphibia +, Silene flos-cuculi +, Solidago canadensis r, Stellaria media agg. +, Tussilago farfara +, Vicia tetrasperma +.
Höhere Lagen:
Aquilegia spec. 1, Athyrium filix-femina +, Cirsium palustre r, Deschampsia cespitosa +, Galium saxatile 1, Hieracium lachenalii r, Lapsana communis r, Listera ovata r, Luzula luzuloides 2, Potentilla erecta r, Prunella vulgaris +, Sambucus nigra +, Sorbus aucuparia +, Urtica dioica +, Veronica filiformis 1, Viola tricolor +.

Tabelle 10 – **Ansaaten mit Dactylis glomerata und Lolium perenne**

Nr. der Vegetationsaufnahme		1	2	3	4	5	6	7
Höhe über Normal Null		245	285	380	465	640	330	510
Gesamtartenzahl: 70								
Artenzahl jeAufnahme		17	15	21	14	10	24	21
Durchschnittl. Artenzahl: 17,4								
Höhe über Normalnull [m]		245	285	380	465	640	330	510
Lolium perenne	85,7	**3**	**4**	**3**	**3**		1	+
Dactylis glomerata	42,9					**4**	**3**	**3**
K Molinio-Arrhenatheretea								
Poa pratensis agg.	85,7	1	+	-	3	1	1	2
Vicia sepium	71,4	-	+	-	+	+	1	2
Taraxacum officinale agg.	71,4	-	+	-	+	2	1	3
Trifolium pratense	71,4	-	1	+	+	-	1	+
Trifolium dubium	57,1	1	+	1	-	-	1	-
Trifolium repens	57,1	3	-	1	-	-	1	1
Bellis perennis	28,6	2	-	-	-	-	-	1
Alchemilla vulgaris agg.	28,6	-	-	+	-	-	-	1
Leucanthemum vulgare agg.	28,6	-	-	2	-	-	3	-
Hypochoeris radicata	28,6	-	-	2	-	-	1	-
Cerastium holosteoides	28,6	+	-	+	-	-	-	-
Ranunculus acris	28,6	-	-	-	-	-	1	1
Vicia cracca	28,6	-	-	+	-	-	2	-
Begleiter								
Plantago lanceolata	57,1	1	+	1	-	-	2	-
Rumex obtusifolius	57,1	r	+	+	-	1	-	-
Festuca rubra agg.	42,9	+	+	-	-	-	-	+
Anthoxanthum odoratum	28,6	-	-	-	-	+	1	-
Geranium robertianum	28,6	-	-	-	+	1	-	-
Hypericum perforatum	28,6	+	-	-	-	-	1	-
Plantago major	28,6	+	+	-	-	-	-	-
Moose								
Brachythecium albicans	100,0	1	r	+	+	1	r	r
Brachythecium rutabulum	100,0	1	+	+	1	+	r	1
Calliergonella cuspidata	42,9	1	-	-	-	r	-	r
Rhytidiadelphus squarrosus	71,4	1	-	+	1	+	r	-
Scleropodium purum	42,9	+	-	-	+	-	-	-

Größe aller Aufnahmen 25 m^2.

Herkunft der Aufnahmen von folgenden Friedhöfen:
Nr. 1: Niederschindmaas; Nr. 2: Mosel, Nr. 3: Kirchberg; Nr. 4: Neustädtel; Nr. 5: Eiben-
stock; Nr. 6: Reinsdorf; Nr. 7: Markneukirchen.

Nur einmal vorkommend:
Aufnahme 1: Achillea millefolium 1, Bromus hordeaceus agg. +, Leontodon autumnalis +,
Matricaria recutita r, Poa annua +, Ranunculus repens +.
Aufnahme 2: Acer platanoides +, Arrhenatherum elatius +, Hieracium aurantiacum +, Lathy-
rus pratensis +, Quercus robur r.
Aufnahme 3: Aegopodium podagraria 1, Ajuga reptans +, Arabidopsis thaliana +, Cerastium
glomeratum +, Lotus corniculatus +, Luzula campestris +, Rumex acetosella +, Solidago
canadensis r, Veronica arvensis +, Veronica serpyllifolia +.
Aufnahme 4: Fragaria x ananassa r, Geranium sylvaticum 1, Lysimachia punctata +, Myosotis
sylvatica +, Phyteuma spicatum +, Pulmonaria officinalis agg. +, Sedum spurium +, Viola
odorata +.
Aufnahme 5: Calystegia sepium 1, Lapsana communis 1, Ranunculus repens 1.
Aufnahme 6: Agrostis capillaris 2, Calamagrostis epigejos +, Cirsium arvense 2, Equisetum
arvense +, Equisetum arvense +, Medicago lupulina 1, Potentilla reptans 1, Prunella vulgaris
2, Crepis capillaris +.
Aufnahme 7: Campanula rotundifolia +, Centaurea montana 2, Deschampsia flexuosa 1,
Epilobium montanum +, Galium aparine +, Holcus lanatus +, Lysimachia nummularia 2, Myosotis arvensis +, Primula elatior +, Veronica chamaedrys +.

Bildteil
Pflanzenarten der untersuchten Gesellschaften

Epipactis helleborine
Hauptfriedhof Zwickau

Geranium sylvaticum
Friedhof Schneeberg

Leucanthemum vulgare agg.
Friedhof Wernsdorf

Muscari armeniacum
Friedhof Bockwa

Listera ovata
Friedhof Beerheide

Hieracium aurantiacum
Friedhof Carlsfeld